BEI GRIN MACHT SICH IHR WISSEN BEZAHLT

AF141629

- Wir veröffentlichen Ihre Hausarbeit,
  Bachelor- und Masterarbeit

- Ihr eigenes eBook und Buch -
  weltweit in allen wichtigen Shops

- Verdienen Sie an jedem Verkauf

Jetzt bei www.GRIN.com hochladen
und kostenlos publizieren

Jochen Bethscheider

Kommunale und regionale Wohnungsbeobachtung und Wohnungsmarktentwicklung

Konzepte und Fallbeispiele aus Deutschland

GRIN Verlag

Bibliografische Information der Deutschen Nationalbibliothek:

Die Deutsche Bibliothek verzeichnet diese Publikation in der Deutschen National-
bibliografie; detaillierte bibliografische Daten sind im Internet über http://dnb.d-
nb.de/ abrufbar.

Impressum:

Copyright © 2009 GRIN Verlag GmbH
Druck und Bindung: Books on Demand GmbH, Norderstedt Germany
ISBN: 978-3-656-13234-9

Dieses Buch bei GRIN:

http://www.grin.com/de/e-book/188471/kommunale-und-regionale-wohnungsbe-
obachtung-und-wohnungsmarktentwicklung

GRIN - Your knowledge has value

Der GRIN Verlag publiziert seit 1998 wissenschaftliche Arbeiten von Studenten, Hochschullehrern und anderen Akademikern als eBook und gedrucktes Buch. Die Verlagswebsite www.grin.com ist die ideale Plattform zur Veröffentlichung von Hausarbeiten, Abschlussarbeiten, wissenschaftlichen Aufsätzen, Dissertationen und Fachbüchern.

Besuchen Sie uns im Internet:

http://www.grin.com/

http://www.facebook.com/grincom

http://www.twitter.com/grin_com

UNIVERSITÄT TRIER

Fachbereich VI – Kultur- und Regionalgeographie

Hauptseminar: Strukturen und Prozesse in Wohnungs- und Immobilienmärkten:
Wohnungsmärkte in Deutschland

KOMMUNALE UND REGIONALE WOHNUNGSMARKTBEOBACHTUNG UND WOHNUNGSMARKTENTWICKLUNG: KONZEPTE UND FALLBEISPIELE AUS DEUTSCHLAND

Verfasser:

Jochen Bethscheider

Trier, im Februar 2009

Inhalt

1. Einleitung

Der Wohnungsmarkt in Deutschland in Deutschland unterliegt stetiger Änderungen. Als Ursachen können hierfür Migrationen, strukturelle Veränderungen bzw. strukturelle Schwächen sowie einfache Wohnpreisschwankungen angesehen werden. Da es sich hierbei wie der Name schon verrät um einen Markt handelt, der folglich von Angebot und Nachfrage reguliert wird, steht die Politik vor der Aufgabe, diesen Markt so zu regulieren oder zu deregulieren, dass Leerstände oder zu starke Konzentrationen mit den einhergehenden Preisschwankungen auf dem Wohnungsmarkt verhindert werden.

Die Bundesregierung will dabei „in der Wohnungspolitik sukzessive von einem intervenierenden zu einem stärker aktivierenden Staat"[1] übergehen, der sich vermehrt auf die Kräfte des Wohnungsmarktes verlassen kann. Hierzu muss jedoch Markttransparenz und der leichte Zugang zu Informationen geschaffen werden, damit private Investoren bedarfsgenau im Wohnungsmarkt agieren können. Die Politik kann dann im Rahmen ihrer Bauförderprogramme lenkend auf den Markt Einfluss nehmen unter Wahrung der Wettbewerbsneutralität. Im Folgenden wird nun dargestellt, wie dieses Transparenz mittels der Wohnungsmarktbeobachtung geschaffen wird.

Hierbei werden die verschiedenen politischen Ebenen dieses Instrumentariums aufgezeigt, d.h. wie die Wohnungsmarktbeobachtung seitens des Bundes, der Länder und schließlich der Kommunen gestaltet ist und es wird auf die Unterscheidung zwischen regionaler und kommunaler Wohnungsmarktbeobachtung eingegangen und schließlich an zwei Fallbeispielen verdeutlicht.

---

[1] Bundesamt für Bauwesen und Raumordnung (2009, a): Wohnungsmarktbeobachtung, in: http://www.bbr.bund.de/cln_005/nn_22386/DE/ForschenBeraten/Wohnungswesen/Wohnungsmarkt/Woh nungsmarktbeobachtung/wohnungsmarktbeobachtung__node.html?__nnn=true (Stand: 23.1.2009).

2. Der Wohnungsmarkt

Der Wohnungsmarkt ist, wie der Name schon sagt, ein Markt also ein komplexes Wirtschaftsystem, bei dem Angebot und Nachfrage regieren und welches aus verschiedenen Teilbereichen besteht und damit verschiedenen Einflussfaktoren unterliegt.

Faktoren die den Wohnungsmarkt beeinflussen sind auf der Nachfrageseite primär die demographische und wirtschaftliche Entwicklung zwischen denen durch die Migration eine enge Wechselbeziehung steht. [2] Ein konjunktureller Aufschwung in einer Region und der damit einhergehende attraktive Arbeitsmarkt ziehen beispielsweise junge Menschen in eine Region, was zu einem Bevölkerungsanstieg und einer verbesserten Altersstruktur führt. Umgekehrt führen wirtschaftliche Schwächen und Arbeitsplatzabbau in einer Region vermehrt zu Abwanderungstendenzen vor allem bei der jungen Bevölkerung, was zu einer Überalterung der Bevölkerung führt. Darüber hinaus führen Rückkopplungseffekte dazu, dass die genannten Effekte verstärkt werden. [3]

Der Wohnungsmarkt wird auf der Nachfrageseite jedoch nur indirekt von der Veränderung der Bevölkerungszahl und der Altersstruktur beeinflusst, entscheidender hierfür ist der jeweilige Haushalt, welche als Käufer bzw. Nutzer auf dem Markt auftreten.

„Anzahl, Größe, Struktur und Kaufkraft der Haushalte werden dabei neben Bevölkerungs- und Wirtschaftsentwicklung auch von gesellschaftlichen Wandlungsprozessen beeinflusst. So kann eine zahlenmäßige Abnahme der Bevölkerung aufgrund niedriger Geburtenzahlen z.B. nicht automatisch mit sinkenden Haushaltszahlen und abnehmender Wohnungsnachfrage gleichgesetzt werden, da der Trend zu kleineren Haushalten weiterhin anhält und sich somit die Bevölkerung auf eine größere Zahl von Haushalten verteilt. Zudem ist der Wohnflächenkonsum der Haushalte als weitere Variable zu nennen, welcher wiederum von wirtschaftlicher Entwicklung, Kaufkraft sowie allgemeinen Konsummustern abhängt." [4]

Haushalte, die durch bestimmte Merkmale einer Region angezogen werden, sind also der Kernfaktor, der den Wohnungsmarkt gestaltet. Dementsprechend muss das Wohnungsangebot in den Regionen gestaltet werden, um den potenziellen Haushalten als Käufer oder Mieter entgegenzukommen.

---

[2] Vgl.: Regionalisierte Wohnungsmarktbeobachtung Rheinland-Pfalz (ReWoB) (2009): Der Wohnungsmarkt – komplexes System mit zahlreichen Einflussgrößen, in: http://www.rewob.de/ (Stand: 23.1.2009).
[3] Vgl. ebd.
[4] Ebd.

Die folgende Abbildung veranschaulicht das Wirkungsgefüge, welches auf dem Wohnungsmarkt herrscht.

Abbildung 1: **Der Wohnungsmarkt – komplexes System mit zahlreichen Einflussfaktoren**

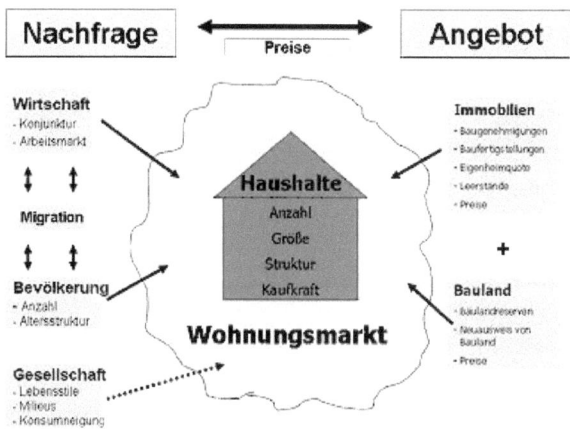

Quelle: ReWoB (2009): http://www.rewob.de/bilder/meta_angebotnachfrage.gif (Stand 23.1. 2009)

Des Weiteren hat sich der Wohnungsmarkt stark gewandelt, weg von einem typischen Anbietermarkt, in dem jede neu gebaute Wohnung einen Abnehmer gefunden hat, was eine systematische und kontinuierliche Wohnungsmarktbeobachtung obsolet gemacht hat. Diese Situation hat sich seit den 1990er Jahre grundlegend geändert. So gibt es in den letzten Jahren ausreichend Wohnungen „in fast allen Regionen der Bundesrepublik"[5] ist zunächst die Preisentwicklung der Mieten hinter den allgemeinen Preissteigerungen zurückgeblieben. Ein weiterer Punkt ist, dass durch einen Engpass im Mietwohnungsbau zu Beginn der 1990er Jahre erhebliche Steuersubventionen geflossen sind, was in der Folge zu einem Boom im Mietwohnungsbau geführt hat. „Die Zahl der fertig gestellten Eigentumswohnungen, die überwiegend von Kapitalanlegern zur Vermietung erworben wurden, stieg zwischen 1990 und 1995 von 47.000 auf 141.000 Stück. Von 1990 bis 1998 wurden in Westdeutschland knapp 3,6 Mio. Wohnungen fertig gestellt, während die Zahl der Haushalte nur um 2,4 Mio. stieg."[6] Durch demografische Faktoren wie die Reduktion der Zuwanderung nach Deutschland und den

---

[5] Ebd.
[6] Ebd.

Stopp der Haushaltsgründungen durch die Baby Boom Generation hat sich die Wohnungssituation sehr entspannt. „ Die Marktteilnehmer können aus einem größeren Angebot auswählen und somit besser als in der Vergangenheit ihre Wohnpräferenzen auch tatsächlich realisieren. Unattraktive Wohnungen und Wohnlagen lassen sich nur noch schwer vermarkten."[7]

Durch die Umbrüche auf dem Wohnungsmarkt und in der Bevölkerungsstruktur der Bundesrepublik Deutschland hat sich seit den 1990er Jahren ein Wohnungsüberstand eingestellt. Neue Wohnungen sind seither also unrentabel und andere Wohnungen schwer vermittelbar. Um diesem Missstand gezielt entgegenzuwirken muss der Wohnungsmarkt seitens der Politik analysiert werden, um dann gezielt zu fördern und um den Markt und den Wettbewerb in diesem zu beleben. Als Instrumentarium dafür ist die Wohnungsmarktbeobachtung eingeführt worden, die von verschiedenen öffentlichen Trägern der unterschiedlichen administrativen Ebenen wahrgenommen wird. Die institutionalisierte Wohnungsmarktbeobachtung, wie sie seither in der Bundesrepublik durchgeführt wird, wird nachfolgend erklärt und an Fallbeispielen erläutert.

3. Wohnungsmarktbeobachtung (WoB)

Für das Bundesamt für Bauwesen und Raumordnung (BBR) sind differenzierte Informationen über die Wohnungsmärkte „Grundlage für zielgenaues Handeln der Wohnungswirtschaft und der Wohnungspolitik wie auch für wichtige Entscheidungen der Bürger."[8] Es gibt keinen gesamtdeutschen Wohnungsmarkt , sondern viel mehr regionale Wohnungsmärkte, die jeweils spezifische Standortvorteile und Standortprobleme aufweisen, die mit der WoB erfasst werden sollen, um Entwicklungen nachvollziehen zu können und Handlungsstrategien zu entwerfen.

Zudem lässt das föderale System der Bundesrepublik Deutschland mit seiner hierarchischen Gliederung keine zentralisierte Wohnungsmarktpolitik zu, da jedes Bundesland, gar jede Kommune, an der Attraktivität des eigenen Wohnungsstandort interessiert ist, dementsprechend handelt und Fördergelder zur Verfügung stellt.

Die Wohnungsmarktbeobachtung kann zweifelsohne bundesweit standardisiert werden, lediglich die Auswertung und die Umsetzung in politische Maßnahmen und

---

[7] Ebd.
[8] Bundesamt für Bauwesen und Raumordnung (2009, a).

Entscheidungen obliegt den regionalen politischen Trägern, die für die Wohnungsmarktentwicklung verantwortlich sind.

In Deutschland ist die WoB im *Bundesarbeitskreis Wohnungsmarktbeobachtung* organisiert, welcher durch das Bundesamt für Bauwesen und Raumordnung initiiert wurde und durch die Bauförderträger der Länder Nordrhein-Westfalen und Niedersachsen, namentlich durch die NBank und die Wohnbauförderanstalt NRW (Wfa), betreut werden. Der Arbeitskreis unterteilt die WoB in die nachstehenden Ebenen[9]:

a) **Wohnungsmarktbeobachtung des Bundes**

b) **Wohnungsmarktbeobachtung der Länder**

c) **Wohnungsmarktbeobachtung der Kommunen**

In den verschiedenen Ebenen sind denn auch verschiedene Akteure für die WoB zuständig. Auf Bundesebene forscht das Bundesamt für Bauwesen und Raumordnung, auf Landesebene liegt die WoB in den Händen der Landesbanken beziehungsweise in ausgegliederten Abteilungen, die für Förder- und Investitionsmaßnahmen im Wohnungsbaumarkt zuständig sind.

Landesweite Wohnungsmarktbeobachtungssysteme gibt es jedoch nur in den Bundesländern Baden-Württemberg, Bayern, Berlin, Niedersachsen, Nordrhein-Westfalen, Rheinland-Pfalz, Sachsen und Schleswig-Holstein gibt. Bei den Kommunen sind oftmals die für die Raumplanung und den Wohnungsbau zuständigen Ämter bzw. ausgelagerte Gesellschaften für die WoB zuständig, wobei die WoB genau wie auf Länderebene nicht zwingend erforderlich ist. Laut Bundesarbeitkreis gibt es derzeit dreißig bis vierzig Städte die ein kommunales Wohnungsmarktbeobachtungssystem eingerichtet haben.[10]

Grundsätzlich gilt es zwei Arbeitskreise oder Konzeptionen zur Durchführung der WoB zu unterscheiden:

Der erste Arbeitskreis ist der bereits erwähnte Bundesarbeitskreis der WoB, der auch als Bund-Länder-Arbeitskreis bezeichnet wird.[11] Dessen Konzeption beruht auf

---

[9] Vergleiche hierzu: Homepage des Bundesarbeitskreises Wohnungsmarktbeobachtung (2009), in: http://www.wohnungsmarktbeobachtung.de (Stand: 23.1.2009).

[10] Vgl. ebd.

[11] Der Bundesarbeitskreis wird auf den Internetseiten des Initiativkreises Kommunale Wohnungsmarktbeobachtung als „Bund-Länder-Arbeitskreis" bezeichnet, was die Abgrenzung verdeutlicht.
Siehe: Initiativkreis Kommunale Wohnungsbeobachtung (2009): http://www.komwob.de (Stand: 23.1.2009).

einer regionalisierten WoB die durch das Bundesamt für Bauwesen und Raumordnung (BBR) Anfang der 1990er installiert worden ist und teilweise modifiziert von den teilnehmenden Ländern übernommen wurde.

Der zweite Arbeitskreis ist der Initiativkreis Kommunale Wohnungsmarktbeobachtung (IK KomWoB), der seit dem 1.1. 2002 als ein Netzwerk verschiedener nordrhein-westfälischer Städte existiert. Die kommunale Wohnungsmarktbeobachtung (KomWoB) soll die landesweiten oder regionalen Wohnungsmarktbeobachtungen ergänzen.

Beide WoB-Systeme benutzen überwiegend schon vorhandene Daten anderer Behörden und Verbände wie z.B. die amtlichen Statistiken. Dort wo ein fachspezifischer Mangel in der Datenauswertung besteht, werden eigenständige Erhebungen durchgeführt.[12]

Die beiden Konzeptionen der WoB werden im Folgenden dargestellt.

3.1 Regionalisierte Wohnungsmarktbeobachtung (ReWoB)

Aufgrund der zuvor erklärten Veränderungen auf dem Wohnungsmarkt hat die Wohnungsmarktbeobachtung „seit Anfang der 90er Jahre als Instrument der Wohnungspolitik und Stadtentwicklung auf den unterschiedlichen politischen Ebenen immens an Bedeutung gewonnen und ist in vielen Kommunen bereits fest installiert."[13] Die regionalisierte WoB beruht dabei auf dem Konzept einer systematischen WoB des BRR, die seit Anfang der 1990er Jahre durchgeführt wird. „Das Bundesamt für Bauwesen und Raumordnung (BBR) setzt das Instrument der Wohnungsmarktbeobachtung gezielt zur systematischen Sammlung und Verdichtung der unterschiedlichsten Wohnungsmarktdaten ein und richtet dabei den Blick vor allem auf die Identifizierung großräumiger und regionaler Entwicklungstrends."[14] Die WoB des Bundes ergänzt dabei die WoB der Länder und Kommunen und umgekehrt. Es sind

---

[12] Vgl. hierzu: Hofmann, Karl-Friedrich (1997): Wohnungsmarktbeobachtung in Nordrhein-Westfalen, in: Wohnbauförderanstalt Nordrhein-Westfalen (Hrsg.): Modellversuch Kommunale Wohnungsmarktbeobachtung in Nordrhein-Westfalen – Beiträge aus Forschung und Praxis, Düsseldorf, S. 7.

[13] Bundesamt für Bauwesen und Raumordnung (2009, b): Kommunale/ regionale Wohnungsmarktbeobachtung, in: http://www.bbr.bund.de/cln_005/nn_22382/DE/ForschenBeraten/Wohnungswesen/Wohnungsmarkt/Woh nungsmarktbeobachtung/kommWOB/kommWOB.html (Stand: 23.1.2009).

[14] Bundesamt für Bauwesen und Raumordnung (2009, a).

also Netzwerke entstanden, die regional und im gesamtdeutschen Vergleich die Wohnungsmärkte beobachten.

Um eine qualifizierte WoB durchführen zu können bedarf es eines Standards oder Indikatoren, an dem/denen die Veränderungen am Wohnungsmarkt erfasst werden.

3.1.1 Indikatoren der regionalisierten Wohnungsmarktbeobachtung

Die Indikatoren zur Durchführung einer ReWob und zur Erfassung der Marktveränderungen sind durch das BBR wie folgt vorgegeben:

3.1.1.1 Bautätigkeit

Die Bautätigkeit gilt als ein bedeutender Indikator einer volkswirtschaftlichen Entwicklung und gilt deswegen auch als einer der „zentralen Indikatoren des auf Langfristigkeit angelegten Frühwarnsystems der Wohnungsmarktbeobachtung."[15] Im System der REWoB werden so Diskrepanzen oder Potenziale in der Wohnungsversorgung von Ein-, Zwei- und Mehrfamilienhäusern gesammelt und Bestimmungen für die verantwortlichen Akteure deduziert.

So lässt sich durch die Beobachtung der Bautätigkeit feststellen, dass, wie zu Beginn der Arbeit erläutert, diese tendenziell abgenommen hat, dass es Schwerpunktregionen mit Baufertigstellungen sowie einen Trend zur Errichtung von Ein- bzw. Zweifamilienhäusern gibt, wobei laut BBR die Bedeutung des Mehrfamilienhauses in der Stadt nicht zu unterschätzen ist. Schwerpunktregionen sind demnach der Norden (Emsland, Ostfriesland), Teile von Rheinland-Pfalz und Bayern mit dem Schwerpunkt um München. Darüber hinaus verzeichnen Regionen mit landschaftlicher Attraktivität auch eine Erhöhung der Bautätigkeit (Vgl. Abbildungen 2 und 3).

Durch die Beobachtung der Bautätigkeit lassen sich also Regionen festmachen, die scheinbar für Investitionen interessant sind, sowie sich der Wohnungstrend innerhalb der Regionen verhält, ob beispielsweise vermehrt in den Kernstädten einer Region oder vermehrt im Umland dieser gebaut wird.

---

[15] Bundesamt für Bauwesen und Raumordnung (2009): Bautätigkeit, in: http://www.bbr.bund.de/cln_005/nn_22382/DE/ForschenBeraten/Wohnungswesen/Wohnungsmarkt/Woh nungsmarktbeobachtung/Bautaetigkeit/Bautaetigkeit.html (Stand 23.1. 2009).

Abbildung 2: Allgemeine Bautätigkeit in Deutschland

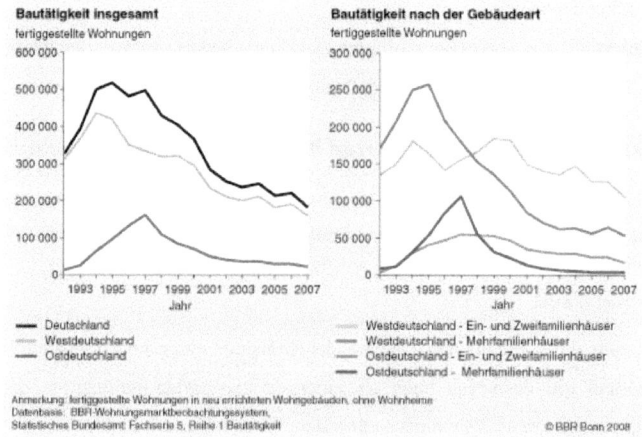

Quelle: Bundesamt für Bauwesen und Raumordnung (2009): http://www.bbr.bund.de/DE/ForschenBeraten/Wohnungswesen/Wohnungsmarkt/Wohnungsmarktbeobach tung/Bautaetigkeit/Bautaetigkeit07__Abb,property=default.gif (Stand: 25.1. 2009).

Abbildung 3: Bautätigkeit Wohnungen 2004-2006

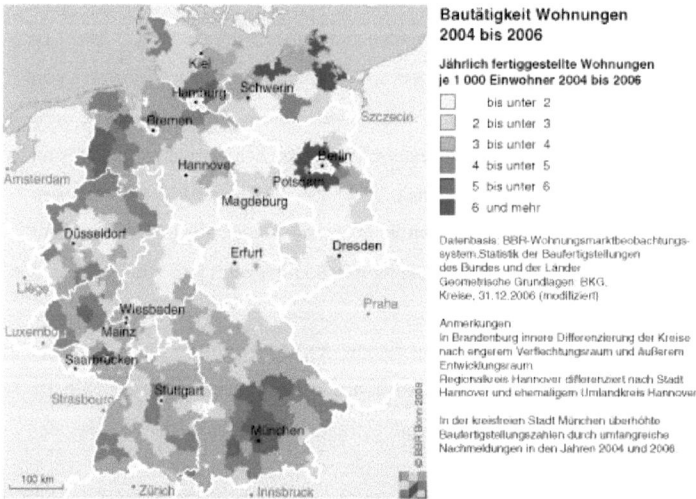

Quelle: Bundesamt für Bauwesen und Raumordnung (2009): http://www.bbr.bund.de/DE/ForschenBeraten/Wohnungswesen/Wohnungsmarkt/Wohnungsmarktbeobach tung/Bautaetigkeit/Bautaetigkeit06__Karte,property=default.gif (Stand: 25.1.2009).

3.1.1.2 Wohnungsversorgung/Wohnzufriedenheit

Der zweite Indikator der zur WoB herangezogen wird ist die Wohnungsversorgung/Wohnzufriedenheit. Dieser Indikator wird herangezogen, da die Erfassung von Suchvorgängen auf dem Wohnungsmarkt statistisch schwer erfassbar ist. Die Frage, ob ein Wohnungsbedarf, -mangel, -not oder –überschuss herrscht ist deshalb kaum zu beantworten. Ein geeigneter Indikator stellt dafür nach Auffassung des BBR der Grad der Wohnungsversorgung dar, der quantitativ und qualitativ nachweisbar ist.

Quantitativ wird hierbei hauptsächlich die Pro-Kopf-Wohnfläche als Merkmal herangezogen, welche in den letzten Jahren kontinuierlich zugenommen hat, wobei im West-Ost-Vergleich die Wohnfläche in den neuen Bundesländern stärker gestiegen ist, was man der Abbildung 4 entnehmen kann. Genauso hat die Pro-Kopf-Wohnfläche, die von Mietern genutzt wird stärker zugenommen als die der Wohneigentümer.

Abbildung 4: Entwicklung der Pro-Kopf-Wohnflächen

Pro-Kopf-Wohnfläche der Eigentümer	1998	2002	Veränderung in %
Alte Länder	46,1 m²	48,3 m²	4,7%
Neue Länder und Berlin	37,9 m²	40,9 m²	7,7%
Deutschland	44,8 m²	47,1 m²	5,1%

Pro-Kopf-Wohnfläche der Mieter	1998	2002	Veränderung in %
Alte Länder	35,7 m²	37,5 m²	5,2%
Neue Länder und Berlin	31,1 m²	34,3 m²	10,2%
Deutschland	34,3 m²	36,7 m²	6,5%

Quelle: Bundesamt für Bauwesen und Raumordnung (2009): http://www.bbr.bund.de/cln_007/nn_22382/DE/ForschenBeraten/Wohnungswesen/Wohnungsmarkt/Wohnungsmarktbeobachtung/Versorgung Zufriedenheit/WohnungsversorgungWohnzufriedenheit.html (Stand: 25.9. 2009).

Qualitativ dagegen werden dagegen die Ausstattungsmerkmale der belegten Wohnungen erfasst. Hierbei gilt festzustellen, dass das Ausstattungsniveau der Wohnungen sich stetig verbessert hat und auf einem hohen Niveau ist, so dass die Wohnungszufriedenheit laut BBR in den letzten Jahren deutlich zugenommen hat. (Vergleiche hierzu Abbildung 5).

Abbildung 5: Wohnqualität/-zufriedenheit

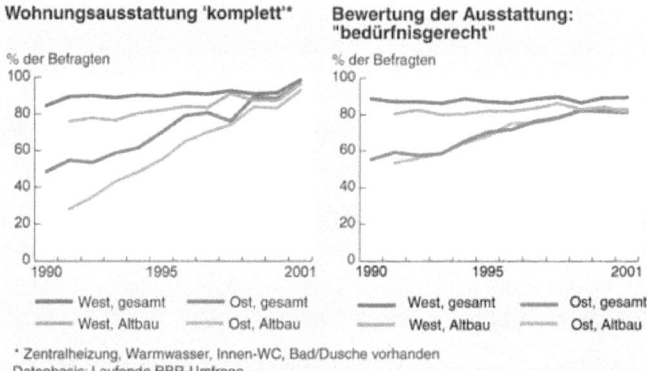

Quelle: Bundesamt für Bauwesen und Raumordnung (2009):
http://www.bbr.bund.de/DE/ForschenBeraten/Wohnungswesen/Wohnungsmarkt/Wohnungsmarktbeobach
tung/VersorgungZufriedenheit/Wohnungsversorgung,property=default.jpg (Stand: 25.9.2009).

3.1.1.3 Mieten und Immobilienpreise

Die Mieten und die Immobilienpreise sind ein sehr relevanter Indikator um
Entwicklungen auf dem Wohnungsmarkt aufzuzeigen, da sich über die Preisgestaltung
die Nachfrage und das Angebot sehr gut nachvollziehen lassen.

3.1.1.4 Wohnungsleerstand

Ein weiterer zentraler Indikator der ReWoB ist der Wohnungsleerstand, da
Analysen des selbigen Veränderungen in einem regionalen Wohnungsmarkt frühzeitig
erkennbar werden lassen und somit Probleme innerhalb einer Region anzeigen.

*„Zudem haben die Wohnungsleerstände eine Indikator- und Frühwarnfunktion für
Anspannungs- und Entspannungstendenzen auf den Wohnungsmärkten. Auffällig erhöhte
Leerstände auf lokalen Wohnungsteilmärkten können auch daraufhin deuten, dass das
Wohnungsangebot den veränderten Ansprüchen der Wohnungssuchenden z.B. an die
Ausstattung der Wohnung oder das Wohnumfeld nicht mehr entspricht.“*[16]

Auf dem Wohnungsmarkt herrscht zudem ein permanenter Leerstand von 2 bis
3%, der als Fluktuationsreserve dem Markt zugestanden wird. Jedoch hat die
Entwicklung der letzten Jahren gezeigt, dass mache Regionen weitaus über diesem Wert

---

[16] Bundesamt für Bauwesen und Raumordnung (2009, c): Wohnungsleerstand, in:
http://www.bbr.bund.de/cln_005/nn_22382/DE/ForschenBeraten/Wohnungswesen/Wohnungsmarkt/Woh
nungsmarktbeobachtung/Wohnungsleerstand/Wohnungsleerstand.html (Stand: 25.1 2009).

liegen. In Ostdeutschland haben teilweise 1,3 Mio. Wohnungen leer gestanden, was einem Leerstand von 15% entsprach und schon existenzbedrohend für Unternehmer und teilweise auch für Wohngegenden gewesen ist.

Gemessen am Leerstand von Wohnungen lassen sich also verschiedene Entwicklungen herleiten, weshalb die Gründe für die Leerstände über die anderen Indikatoren erschlossen werden müssen, um dem Phänomen entgegenzuwirken.

3.1.1.5 Mietspiegel

„Der Mietspiegel dient als Instrument der Mietpreisbeobachtung, als Maßstab in der Wertermittlung, als Kommunikationsgrundlage der Marktakteure und als Basis zur Schlichtung zwischen Mietern, Hausbesitzern und Gerichten." [17] Durch das in Jahr 2001 vereinfachte Mietrecht hat der Mietspiegel an Bedeutung gewonnen und das BBR führt eine Mietspiegeldatenback.

Das BRR erklärt den Mietspiegel folgendermaßen:

„Mietspiegel dienen dazu, das Mietpreisgefüge im nicht preisgebundenen Wohnungsbestand den Anbietern und Nachfragern von Wohnraum möglichst transparent zu machen.

Mietspiegel dienen dazu, um Streit zwischen Mietvertragsparteien, der sich aus Unkenntnis des Mietpreisgefüges ergeben kann, vorprozessual zu vermeiden oder den Gerichten in Streitfällen Orientierungsgrundlagen zu liefern.

Mietspiegel dienen dazu, den einzelnen Betroffenen die Kosten der Beschaffung und Bewertung von Informationen über Vergleichsmieten im Einzelfall möglichst zu ersparen.

Mietspiegel dienen als zuverlässige Informationsquelle dazu, Mietpreisüberhöhungen, insbesondere Mietwucher im Sinne des § 5 Wirtschaftsstrafgesetz, vorzubeugen.

Mietspiegel dienen als Preisbarometer für Kapitalanleger in Mietobjekten und die Immobilienwirtschaft." [18]

3.1.2 Zwischenfazit

An den hier aufgezeigten Indikatoren zeigt sich schon die anfangs gezeigte Problematik auf dem Wohnungsmarkt. Es gibt viele Wirkungszusammenhänge, die die Attraktivität eine Wohnungsstandortes ausmachen und diese verhalten sich regional sehr unterschiedlich, weshalb das BRR auch zu einer regionalisierten WoB übergegangen ist.

---

[17] Bundesamt für Bauwesen und Raumordnung (2009, d): Der Mietspiegel, in: http://www.bbr.bund.de/cln_005/nn_22382/DE/ForschenBeraten/Wohnungswesen/Wohnungsmarkt/Woh nungsmarktbeobachtung/Mietspiegel/Mietspiegel.html (Stand: 25.1. 2009).
[18] Ebd.

3.2 Kommunale Wohnungsmarktbeobachtung (KomWoB)

Die kommunale Wohnungsmarktbeobachtung ist in Deutschland durch den Aufbau des Initiativkreises Kommunale Wohnungsmarktbeobachtung (IK KomWoB) seitens der Wohnbauförderanstalt NRW (Wfa) institutionalisiert worden. Der IK KomWoB ist aus einem Modellversuch, der zwischen 1997 und 2001 stattgefunden hat, zum 1.1.2002 entstanden. Ihm gehören heute 40 Städte an, wobei hiervon lediglich 10 Städte nicht in Nordrhein-Westfalen liegen. Konzeptionell werten die Kommunen im KomWoB bereits vorhandene Daten für den lokalen Wohnungsmarkt aus, weshalb die nötigen Datenquellen für die WoB optimal erschlossen werden müssen.[19]

Auch in diesem Bereich der Wohnungsmarktbeobachtung hat das Land Nordrhein-Westfalen eine Vorreiterrolle.

3.2.1 Indikatoren der KomWob

Es gibt insgesamt 30 bis 50 Indikatoren zur Durchführung einer KomWoB, wobei dieser Indikatorensatz von der Stadt Dortmund entwickelt und durch den IK KomWoB bedarfsgetreu aufgestockt worden ist. Die Unterschiede im Indikatorensatz entstehen durch Unterschiede in den lokalen Datensätzen und den lokalen Themenschwerpunkten. Die Indikatoren „decken alle wichtigen Seiten des Wohnungsmarkts ab – Wohnungsangebot, Wohnungsbedarf/-nachfrage sowie die resultierende Wohnraumversorgung und Marktanspannung. Ebenso berücksichtigt werden vorgelagerte Märkte beziehungsweise Faktoren (Bauland, Finanzierung, Einkommen, Preisentwicklung)"[20].

Die Hauptindikatoren entsprechen hierbei den Indikatoren der ReWoB und ergänzen sich in der jeweiligen Analyse gegenseitig. Die Daten des KomWob sollen eine Zeitspanne von zehn Jahren umfassen, um längerfristige Trends verfolgen zu können und um aktuelle Veränderungen besser zu kategorisieren zu können.

3.2.2 Der Wohnungsmarktbericht

Die anhand der Indikatoren ausgewerteten Daten werden in einem Wohnungsmarktbericht zusammengetragen, welcher „ein wichtiges Steuerungs- und

---

[19]Vgl. NRW.Bank (2009, a): Konzept der kommunalen Wohnungsmarktbeobachtung, in: http://www.nrwbank.de/de/wohnraumportal/wohnungsmarktbeobachtung/kommunale-wob/konzept/index.html (Stand 25.1. 2009).
[20] ebd.

Kontrollinstrument der kommunalen Wohnungspolitik"[21] darstellt. Darüber hinaus ist der Wohnungsmarktbericht oft eine Entscheidungsgrundlage für Investoren abseits von Politik und Verwaltung. Der Bericht soll jährlich aktualisiert werden, verständlich gehalten bleiben und auch die Daten/Erfahrungen externer (privater) Akteure berücksichtigen. Des Weiteren sind ein weiterer Bestandteil des Berichts „strategische Aussagen zu Problembereichen des kommunalen Wohnungsmarktes. Sie sollen konsensfähige Perspektiven enthalten und daher in ämterübergreifenden Arbeitskreisen unter Berücksichtigung aller wohnungsmarktrelevanter Daten verfasst werden"[22].

3.2.3 Zwischenfazit

Die KomWoB stellt mit ihren bis zu 40 teilnehmenden Städten und einem bis zu 50 Indikatoren umfassendes Beobachtungssystem ein sehr umfangreiches Netzwerk dar. Die ermittelten Daten sind jedoch nur lokal einsetzbar und sind, auch aufgrund der unterschiedlichen Datenerhebungen und Themenschwerpunkte der teilnehmenden Kommune, sehr schwer vergleichbar. Allgemeingültige kommunale Entwicklungstendenzen lassen sich wohl hieraus nicht ableiten, jedoch kann ein reger Erfahrungsaustausch über das Netzwerk ausgebildet werden. Das Fallbeispiel verdeutlicht auch, wie unterschiedlich der Wohnungsmarkt innerhalb einer Region variiert.

4. Fallbeispiele

Die regionale und die kommunale Wohnungsmarktbeobachtung, wie sie oben im Allgemeinen dargestellt worden ist, wird nun an den Beispielen der Wohnungsmarktbeobachtung Rheinland-Pfalz als regionale WoB und am Masterplan Ruhr als kommunale WoB verdeutlicht.

---

[21]NRW.Bank (2009, b): Der Wohnungsmarktbericht, in: http://www.nrwbank.de/de/wohnraumportal/wohnungsmarktbeobachtung/kommunale-wob/wohnungsmarktbericht/index.html (Stand: 25.1.2009).
[22] Ebd.

4.1 Wohnungsmarktbeobachtung in Rheinland-Pfalz

In Rheinland-Pfalz obliegt die Verantwortung für eine systematische Wohnungsmarktbeobachtung und die damit verbundene Wohnungsmarktentwicklung der Landestreuhandstelle Rheinland-Pfalz (LTH) in Kooperation mit dem Bauforum. Die LTH führt nun seit neun Jahren jährlich Wohnungsmarktbeobachtungen durch und veröffentlicht diese in Form eines Berichtes. Als Grundlage der Folgenden Ausführungen dient der aktuelle Bericht „Wohnungsmarktbeobachtung Rheinland-Pfalz 2008"[23]

4.1.1 Zuständigkeit

Das Land Rheinland-Pfalz fördert den Neubau, den Erwerb und die Modernisierung von Häusern und Wohnungen in seinem Gebiet.[24] Als Treuhänder zur Durchführung dieser Fördermaßnahmen auf dem Gebiet des Wohnungs- und Städtebaus fungiert die Landestreuhandstelle Rheinland-Pfalz. Die LTH ist als ein wirtschaftlich eigenständiges Ressort der Landesbank Rheinland-Pfalz (RLP) untergeordnet und ist zu Wettbewerbsneutralität verpflichtet. Des Weiteren führt die LTH jährliche Wohnungsmarktbeobachtungen durch, um die Fördermittel gezielt platzieren zu können. Die aktuellen Daten der Wohnungsmarktbeobachtung lassen sich dem oben genannten Bericht entnehmen und werden im Folgenden dargestellt.

4.1.2 Wohnungsmarktbeobachtung Rheinland-Pfalz 2008

Die Wohnungsmarktbeobachtung 2008 beschreibt die aktuelle Wohnungsmarktsituation in Rheinland-Pfalz anhand verschiedener Indikatoren, die marktkonform in Nachfrage- und Angebotsseite unterschieden werden.

Auf der Nachfrageseite stehen die Entwicklungen der Bevölkerung, des Bruttoinlandsproduktes, der Arbeitslosigkeit und der Kaufkraft im Fokus der Untersuchung.

Die Bevölkerungsentwicklung beispielsweise verläuft hierbei in Rheinland-Pfalz regional sehr differenziert. Zum einen ist die Gesamtbevölkerungszahl in Rheinland-

---

[23] Landestreuhandstelle Rheinland Pfalz (2008): Wohnungsmarktbeobachtung Rheinland Pfalz 2008, Mainz.
[24] Vgl. Infobroschüre: Landesbank Rheinland-Pfalz (2007):
LTH – Landestreuhandstelle Rheinland-Pfalz – Ihr Ansprechpartner für alle Fragen der Wohnraumförderung, Mainz.

Pfalz das dritte Jahr hintereinander gesunken und hat 2007 bei 4.045.643 Einwohnern gelegen (- 0,18% geg. dem Vorjahr).[25] Demgegenüber gibt es verschiedene Regionen in Rheinland-Pfalz die vor allem aus Wanderungsbewegungen Bevölkerungszuwächse erfahren haben. Hierzu zählen Franckenthal, Mainz, Trier samt Umland und Koblenz. Dagegen haben die Landkreise Kusel, Südwestpfalz und die Stadt Pirmasens höhere Verluste zu verkraften (S. Abb. 8).[26] Es gibt also verschieden attraktive Wohnstandorte in Rheinland-Pfalz.

Abbildung 6: Bevölkerungsentwicklung in Rheinland-Pfalz

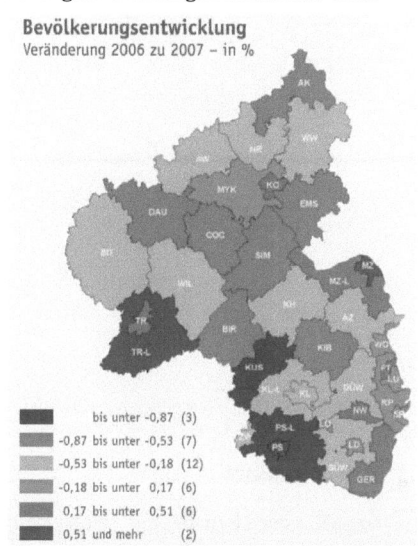

Quelle: Landestreuhandstelle Rheinland Pfalz (2008): Wohnungsmarktbeobachtung Rheinland Pfalz 2008, Mainz, S.11.

Auf der Angebotsseite werden zur Erfassung der Wohnungsmarktentwicklung die Indikatoren Baulandpreisentwicklung, Wohnungsbautätigkeit und die Mietpreisentwicklung herangezogen.

Das Beispiel der Mietpreisentwicklung zeigt auch starke regionale Unterscheidung zwischen Mietpreissteigerung und Mietpreissenkung (Abbildung 9). Auffallend ist hierbei, dass die Mietpreissteigerungen nicht unbedingt mit den Regionen mit Bevölkerungszuwachs zusammenfallen. Die Mietpreisentwicklung wird in dem Bericht auf Basis der vom BRR ausgewerteten Angebotsmieten berechnet, sowie erstmalig deren zeitliche Entwicklung.

---

[25] Vgl. Landestreuhandstelle Rheinland-Pfalz (2008), S. 11.
[26] Vgl. ebd.

Abbildung 7: Mietpreisentwicklung in Rheinland-Pfalz 2003 bis 2007

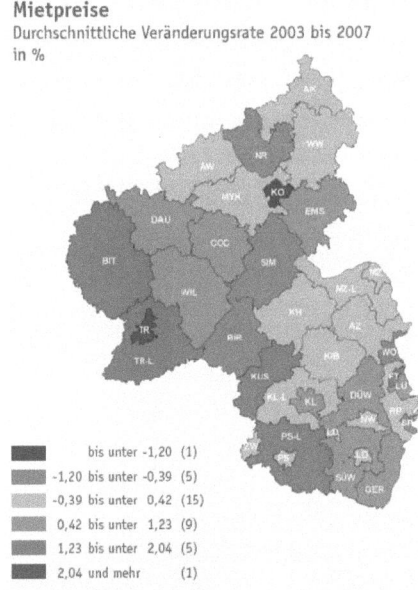

Mietpreise
Durchschnittliche Veränderungsrate 2003 bis 2007
in %

- bis unter -1,20 (1)
- -1,20 bis unter -0,39 (5)
- -0,39 bis unter 0,42 (15)
- 0,42 bis unter 1,23 (9)
- 1,23 bis unter 2,04 (5)
- 2,04 und mehr (1)

Quelle: Landestreuhandstelle Rheinland Pfalz (2008): Wohnungsmarktbeobachtung Rheinland Pfalz 2008, Mainz, S. 18.

4.1.3 Zwischenfazit

Zusammenfassend[27] beurteilt der Bericht die Wohnungsmarktsituation als paradox. Trotz Verringerung der Bevölkerungszahl, ist die Zahl der Haushalte auf dem Wohnungsmarkt und der Wohnflächenbedarf pro Haushalt gestiegen. In Rheinland-Pfalz wird künftig die Zahl der Senioren besonders zunehmen. Die Entwicklung wird also dahingehend fortschreiten, seniorengerechte Wohnungen auf qualitativ hohem Niveau anbieten zu müssen. Die Nachfrage nach immer größeren Wohnflächen wird sich dem bericht nach irgendwann einstellen aufgrund steigender Energiepreise, die eine Neu-Kalkulation notwendig machen. Die Zahl der Neubauten wird immer mehr abnehmen und es gilt die bestehenden Wohnungen marktgerecht zu halten.

---

[27] Vgl. hierzu: Ebd., S. 19ff.

4.2 Masterplan Ruhr

Der Masterplan Ruhr stellt ein gemeinsames Projekt der kreisfreien Städte Duisburg, Oberhausen, Essen, Mühlheim an der Ruhr, Gelsenkirchen, Herne Bochum und Dortmund in Aktion, die ihre interkommunale Zusammenarbeit mit dem Masterplan als organisatorisches Instrument seit Sommer 2003 vorantreiben, um den Standort Metropole Ruhr qualitativ zu verbessern. Eines der von durch den Masterplan abgedeckten Themen ist das Wohnen in der Städteregion Ruhr.

„Für das Thema Wohnen in der Region erschienen der Arbeitsgruppe insbesondere Daten aus den Bereichen Bevölkerungsentwicklung, Haushalte, Wanderungsbewegungen, Ein- und Auspendler sowie Daten zum Wohnungsmarkt und den Teilmärkten des Wohnens von Bedeutung." [28] Damit hat die Städteregion

4.2.1 Zuständigkeit

Die für den Masterplan Ruhr relevanten Wohnungsmarktbeobachtungen und Kooperationen werden durch die städtischen Ämter oder Büros für Stadtentwicklung und Wohnungsbau wahrgenommen, die sich zu einer Arbeitsgruppe Masterplan Ruhr zusammengefunden haben.

4.2.2 Masterplan Ruhr: „Wohnen"

Die im Masterplan Ruhr angewandten Indikatoren richten sich hauptsächlich nach den vom BRR vorgegeben Indikatoren, jedoch werden diese bei der Beobachtung individuell auf die teilnehmenden Städte angewandt und auf die Städteregion im Totalen angewandt. So wird eine Vergleichbarkeit zwischen den Städten und ein Überblick auf die Gesamtregion hergestellt.

Als Indikatoren der WoB dienen die Bevölkerungsentwicklung die in der Region unterschiedlich stark rückläufig ist, die Größe der Haushalte, Wanderungsbewegungen und der Wohnungsmarkt der Region an sich.

Die sich hieraus ergebenden Grundsätze und Ziele der Wohnbauflächenentwicklung der Kommunen der Städteregion Ruhr weisen große Übereinstimmungen auf. So ist die nachhaltige Stadtentwicklung ein gemeinsamer Nenner der Partner und „gelebte Planungspraxis." [29] Die Entwicklung von Bauland steht

---

[28] Städteregion Ruhr (Hrsg.) (2006): Masterplan Ruhr, Dortmund, S.11.
[29] Ebd., S.33.

zudem auf der gemeinsamen Agenda, wobei hier eine Heterogenität der Wohnbauflächenverteilung angemahnt wird.

4.2.3 Zwischenfazit

Den Masterplan Ruhr kann man als eine Art der KomWoB bezeichnen. Zwar sind nicht alle teilnehmenden Städte im IK KomwoB vertreten, es wurde jedoch ein Netzwerk auf kommunaler Ebene geschaffen, das zur Kommunikation gemeinsamer Probleme genutzt werden kann. Die Datenerhebung scheint gut zwischen den Partnern zu funktionieren, doch in wie weit das Ganze in gemeinsame Projekte mündet, bleibt im Masterplan offen. Es werden lediglich Handlungsparallelen aufgezeigt, jedoch die Etablierung gemeinsamer, städteübergreifender Projekte lässt der Masterplan vermissen. Es wird gemeinsam die gegenwärtige Situation ermittelt, jedoch die anschließende Entwicklung scheint den Städten individuell vorbehalten zu bleiben.

5. Fazit

Regionale und kommunale Wohnungsmarktbeobachtungen vereinfachen die Arbeit von Politik und Investoren. Sie bilden ein System von Indikatoren aus, die aus bestehenden statistischen Daten und eigenen Erhebungen die Entwicklungen am Wohnungsmarkt aufzeigen. Da es sich hierbei um sehr junge Institutionen handelt und lange Modellversuchsphasen zu den Wohnungsmarktbeobachtungen stattgefunden haben, scheint die Akzeptanz oder das Interesse an dem System noch nicht voll ausgereift zu sein. es beteiligen sich nur die Hälfte der Bundesländer sowie deutschlandweit nur 40 Städte/Kreise an den vom BRR angeregten Formen.

Eine Vorreiterrolle spielt dabei Nordrhein-Westfalen, das wohl nach den Zeiten des Strukturwandels vor allem an Rhein und Ruhr sehr große Veränderungen im Wohnungsmarkt zu verkraften hatte. Wünschenswert wäre lediglich eine Standardisierung der Indikatoren zur WoB, um eine größere Vergleichbarkeit zwischen Regionen und Kommunen herzustellen. Auch stehen viele Kommunen im direkten Konkurrenzkampf als Wohnungsstandort vor allem in Ballungsgebieten. Da scheint die WoB noch gemeinsam abzulaufen, Lösungsansätze werden jedoch dann von den Gemeinden im Alleingang etabliert.

Quellenverzeichnis

- Bundesamt für Bauwesen und Raumordnung (2009, a):
  Wohnungsmarktbeobachtung, in:
  http://www.bbr.bund.de/cln_005/nn_22386/DE/ForschenBeraten/Wohnungswes
  en/Wohnungsmarkt/Wohnungsmarktbeobachtung/wohnungsmarktbeobachtung_
  _node.html?__nnn=true (Stand: 23.1.2009).

- Bundesamt für Bauwesen und Raumordnung (2009, b): Kommunale/ regionale
  Wohnungsmarktbeobachtung, in:
  http://www.bbr.bund.de/cln_005/nn_22382/DE/ForschenBeraten/Wohnungswes
  en/Wohnungsmarkt/Wohnungsmarktbeobachtung/kommWOB/kommWOB.html
  (Stand: 23.1.2009).

- Bundesamt für Bauwesen und Raumordnung (2009, c): Wohnungsleerstand, in:
  http://www.bbr.bund.de/cln_005/nn_22382/DE/ForschenBeraten/Wohnungswes
  en/Wohnungsmarkt/Wohnungsmarktbeobachtung/Wohnungsleerstand/Wohnung
  sleerstand.html (Stand: 25.1 2009).

- Bundesamt für Bauwesen und Raumordnung (2009, d): Der Mietspiegel, in:
  http://www.bbr.bund.de/cln_005/nn_22382/DE/ForschenBeraten/Wohnungswes
  en/Wohnungsmarkt/Wohnungsmarktbeobachtung/Mietspiegel/Mietspiegel.html
  (Stand: 25.1. 2009).

- Bundesarbeitskreis Wohnungsbeobachtung (2009), in:
  http://www.wohnungsmarktbeobachtung.de (Stand: 23.1.2009).

- Hofmann, Karl-Friedrich (1997): Wohnungsmarktbeobachtung in Nordrhein-
  Westfalen, in: Wohnbauförderanstalt Nordrhein-Westfalen (Hrsg.):
  Modellversuch Kommunale Wohnungsmarktbeobachtung in Nordrhein-
  Westfalen – Beiträge aus Forschung und Praxis, Düsseldorf.

- Landesbank Rheinland-Pfalz (2007): LTH – Landestreuhandstelle Rheinland-
  Pfalz – Ihr Ansprechpartner für alle Fragen der Wohnraumförderung, Mainz.

- LTH Landestreuhandstelle Rheinland-Pfalz (2008):
  Wohnungsmarktbeobachtung Rheinland-Pfalz 2008, Mainz.

- NRW.Bank (2009, a): Konzept der kommunalen Wohnungsmarktbeobachtung,
  in:
  http://www.nrwbank.de/de/wohnraumportal/wohnungsmarktbeobachtung/komm
  unale-wob/konzept/index.html (Stand: 25.1. 2009).

- NRW.Bank (2009, b): Der Wohnungsmarktbericht, in:
  http://www.nrwbank.de/de/wohnraumportal/wohnungsmarktbeobachtung/komm
  unale-wob/wohnungsmarktbericht/index.html (Stand: 25.1.2009).

- Service Gesellschaft Rheinland-Pfalz mBH (2005): Regionalisierte
  Wohnungsmarktbeobachtung (ReWoB) Rheinland-Pfalz, Mainz.

- Städteregion Ruhr (Hrsg.) (2006): Masterplan Ruhr, Dortmund.